Sonja Wendel

Meteoriteneinschläge - Schutz ausweglos?

GRIN Verlag

Impressum:

Copyright © 2011 GRIN Verlag GmbH
Druck und Bindung: Books on Demand GmbH, Norderstedt Germany
ISBN: 978-3-656-28920-3

Universität Bremen

Fachbereich 8 Sozialwissenschaften: Institut für Geographie

<u>Meteoriteneinschläge – Schutz ausweglos?</u>

Seminararbeit zur Präsentation vom 21.04.2011

Abb. 1: Der Erdenmond
(Quelle: http://astro.goblack.de)

Abb. 2: Barringer Krater, Arizona, USA
(Quelle: http://rst.gsfc.nasa.gov)

Modul: Regionale Geomorphologie - Naturkatastrophen.

VAK: 08-27-4-P2-1

Studiengang: Master of Education, 2. FS

Bremen, 30.08.2011

Inhalt

Seite

Literaturverzeichnis

1 Einleitung

Einschläge von Meteoriten indizieren katastrophale Auswirkungen für Gesellschaften. Abwegig erschien, dass eine Katastrophe mit kosmischer Herkunft eine von Menschen anerkannte Naturkatastrophe sein sollte, da darunter bislang Geschehnisse mit geologischen oder anthropogenen Ursachen verstanden worden waren.

In vielen Büchern, die das Wort „Naturkatastrophen" im Titel führen, kommt der Einschlag von Meteoriten nicht einmal vor. Ein großer Meteoriteneinschlag von vor 14,6 Mio. Jahren wird nach der Definition von Rowe nicht als Naturkatastrophe gesehen, da seiner Auffassung nach mehr als zehn Tote, über 30 Verletzte und ein Sachschaden von über 30 Mio. DM, also ca. 15 Mio. Euro eine Naturkatastrophe bedingen (Rowe 1977, zit. n. M.J. Müller 2000, S.3). Und dennoch, betrachtet man die folgende Definition von Naturkatastrophen, so wird schnell klar, dass auch der Einschlag eines Meteoriten mit verheerender Wirkung eine Naturkatastrophe darstellt:

> „Eine Katastrophe ist ein Ereignis, in Raum und Zeit konzentriert, bei dem eine Gesellschaft einer schweren Gefährdung unterzogen wird und derartige Verluste an Menschenleben oder materielle Schäden erleidet, daß [sic!] die lokale gesellschaftliche Struktur versagt und alle oder einige wesentlichen Funktionen der Gesellschaft nicht mehr erfüllt werden können." (R. Hanisch 1996, S.22).

Was haben Sternschnuppen, Feuerkugeln und Krater auf der Erdoberfläche, die keines vulkanischen Ursprungs sind gemeinsam? Flüchtig betrachtet nichts, doch fällt bei genauerem Hinsehen eine Eigenschaft ins Auge; sie alle entstehen durch extraterrestrische Gesteine: durch Meteoriten. Was wissen wir über Meteoriten, woher kommen sie und warum dringen sie in die Erdatmosphäre vor?

Diesen und weiteren Fragen geht diese Arbeit nach. Die Frage nach den Geschehnissen eines Einschlags wird beschrieben und die Entstehung des Kraters diskutiert. Ferner werden durch die beispielhafte Erläuterung weniger, vergangener Ereignisse mögliche Folgen eines Einschlags verdeutlicht. Von großem Interesse ist dabei die Frage nach den Gefahren eines Einschlags und dessen kurz- bis langfristigen Folgen für Klima, Flora, Fauna und natürlich auch für den Menschen.

2 Meteoriten

Im Jahre 1794 begründete E.F.F. Chladni, ein deutscher Jurist, Philosoph und Naturwissenschaftler mit seiner „Meteoritentheorie" unser heutiges Wissen über Meteoriten (Chladni, zit. n. D. Goetz 1979, S.10 ff). Nachdem seine Theorie von der Wissenschaft vielerorts zunächst belächelt wurde, gelang es Chladni dennoch, ein Buch mit seiner Theorie im Jahre 1819 in Wien herauszugeben. Darin erläutert er seine These und belegt, dass Meteoriten auf Planetoiden herabfallende Himmelskörper sind, die entweder bereits in der Atmosphäre verglühen (= Meteor), oder - im Falle größerer Himmelskörper - tatsächlich den planetaren Boden erreichen können. Bis heute ist Chladnis Arbeit die Basis weitreichender wissenschaftlicher Forschung und begründet die aktuelle Definition des Meteoriteneinschlags.

2.1 Begriffsdefinition

Ein Meteorit ist ein in die Atmosphäre eines Planeten oder Mondes eindringender, fester Körper aus dem Weltraum. Vor dem Einschlag auf der Erdoberfläche bezeichnet man diesen Körper auch als „Meteoroid". Das Wort „Meteorit" entstammt dem Griechischen und bedeutet ursprünglich „in der Luft befindlich". Der kosmische Körper verglüht bei seinem Weg durch die Erdatmosphäre nicht vollständig, sondern eine Restmasse schlägt auf der Erdoberfläche ein. Ein Asteroid ist hingegen ein in der Umlaufbahn der Sonne befindlicher Kleinplanet oder Planetoid. Deren größter Vertreter, der *Ceres* wurde 1801 entdeckt und durchmisst etwa 1070 km (A. Rétyi 1996, S.110). Kreuzt nun ein Asteroid die Laufbahn der Erde und kollidiert mit ihr, so kann er zu einem Meteoriten werden.

Ein großer Teil der Asteroiden unseres Sonnensystems existiert zwischen den Umlaufbahnen der beiden Planeten Mars und Jupiter im sogenannten Asteroidengürtel. Der Großteil der Meteoriten, die auf die Erde treffen, stammt aus diesem Gürtel, der mindestens 100.000 Asteroiden verschiedener Größe beinhaltet (B. Murck, B. Skinner & S. Porter 1997, S.254). Ein Grund für das Auftreffen dieser Asteroiden auf die Erde, ist deren zum Teil sehr ovale Umlaufbahn um die Sonne. Doch gehen nicht nur auf der Erde immer wieder Meteoriten nieder, auch andere Planeten und ihre Monde sind ständig von Meteoriteneinschlägen betroffen.

2.2 Warum sind mehr Einschlagkrater auf dem Mond erkennbar, als auf der Erde?

Denkt man an den viel größeren Umfang der Erde als ihren Mond und daran dass die Erde ein viel größeres Ziel bietet, so wird man mit Recht auf diese Frage stoßen. Zudem steht der Mond im Kosmos relativ nah zur Erde und kann somit nicht viel mehr Asteroiden kreuzen, während die Erde eine höhere Gravitation und eine stärkere Anziehungskraft aufweist. Ebenso fällt das Alter dieser beiden Himmelskörper als mögliche Ursache weg, da es sich nicht wesentlich unterscheidet (www.forschungsnachrichten.de).

Viele dieser Fakten gelten nicht nur für den Erdenmond (s. Abb.1), sondern auch für andere Planeten und deren Monde, beispielsweise Mars, Merkur und den Jupitermond Ganymed. Auch auf ihren Oberflächen sind deutlich vielfältige Krater als Zeugen der Meteoriten-einschläge auszumachen. Hingegen wirkt die Erde aus dem Weltall wie eine Kugel mit bläulichem Schimmer, auf deren Oberfläche scheinbar noch niemals ein Meteorit einschlug.

Dafür gibt es mehrere Gründe, deren vermutlich wichtigster die Existenz der relativ dichten Erdatmosphäre ist. Sie agiert als Schutzschild und schirmt die Erde vor heranfliegenden Objekten ab. Kleinere Objekte verglühen vollständig beim Eintritt in die Erdatmosphäre und schlagen nicht auf der Oberfläche auf, so dass keine Krater entstehen können.

Wissenschaftler gehen davon aus, dass 10^7 bis 10^9 kg kosmische Materie pro Jahr in die Atmosphäre der Erde eintreten, doch erreichen unter 1% die Erdoberfläche (B. Murck, B. Skinner & S. Porter 1997, S.260). Der Rest sind hauptsächlich kleinere Staubpartikel, die schon wenige Sekunden nach Berührung mit der Erdatmosphäre verglühen.

Ein anderer Grund für das Fehlen von Kratern ist das reichlich vorhandene Wasser. Kein anderer Planet hat vergleichbar viel Wasser an der Oberfläche aufzuweisen wie die Erde, deren Oberfläche zu 70% aus Ozeanen besteht, die teilweise derart tief sind, dass Meteoriten bei einem Einschlag keine sichtbaren Krater hinterlassen. Man kann davon ausgehen, dass eine Großzahl der Meteoriten innerhalb der Ozeane eingeschlagen sind ohne für das menschliche Auge wahrnehmbare Spuren zu hinterlassen.

Neben der Atmosphäre und dem Vorhandensein der Ozeane gibt es einen weiteren Grund für das geringe Vorkommen der Krater: Jeder Krater auf der Erdoberfläche ist einer ständigen Erosion durch Wind und Wasser ausgesetzt. Dies lässt darauf schließen, dass es seit der Erdentstehung vor rund 4,6 Mrd. Jahren unzählige Krater gegeben haben muss, die durch Einflüsse von Wind und Wasser heute beinahe allerorts von der Erdoberfläche entfernt oder durch die Ablagerung von Sedimenten verschiedener Art aufgefüllt wurden. Viele Krater lassen sich nur noch anhand der an ihrem Rand aufgeworfenen Wälle erkennen.

Diese drei genannten Eigenheiten der Erde führen dazu, dass man heute nur noch wenige Einschlagskrater auf der Erdoberfläche finden oder erkennen kann. Da der Erdenmond keine dichte Atmosphäre und kein Wasser an der Oberfläche aufweist und da Erosionsprozesse dort merklich geringere Ausprägung aufweisen, als auf der Erde, konnten große Krater als Folge von Meteoriteneinschlägen auf seiner Oberfläche entstehen und sind auch über Millionen von Jahren hinweg sichtbar geblieben.

2.3 Meteoritentypen

Meteoriten unterscheiden sich hinsichtlich ihrer Größe, Form, Dichte und Geschwindigkeit und in ihrer Zusammensetzung. Nach dem vorkommenden Material teilt man sie in drei Haupttypen ein: Steinmeteoriten, Eisenmeteoriten und Stein - Eisen - Meteoriten.

Die Gruppe der Steinmeteoriten tritt mit ca. 94% am häufigsten auf (B. Murck, B. Skinner & S. Porter 1997, S.254). Sie werden nochmals nach Chondriten und Achondriten unterschieden. Die Chondrite machen den größeren Anteil aus. Sie bestehen zu 80% aus kleinen, in einer engmaschigen Matrix angeordneten Kügelchen bzw. Chondren (griechisch chondros = Korn) aus Silikaten und enthalten zusätzlich Nickeleisen. Die Chondren sind nicht Bestandteil der Achondriten, daher haben sie auch ihren Namen erhalten, denn „a" im Griechischen bedeutet fehlend (F. Heide 1988, S.15).

Steinmeteoriten setzen sich aus Materie zusammen, die sich zur Zeit der Entstehung unseres Sonnensystems gebildet haben muss. Sie sind also sehr alt. Zum größten Teil bestehen sie aus Silikatmineralien wie Olivin, Pyroxen und Feldspat (F. Heide 1988, S.94) und können einen kleinen Anteil Eisen enthalten. Funde von Steinmeteoriten sind seltener als die Funde anderer Meteoritentypen, da ihre Zusammensetzung der Erdkruste sehr ähnelt.

Abb.3: Chondrit, Steinmeteorit
(Quelle: www. mineralienatlas.de)

Haben sie wegen ihrer Größe keinen bezeichnenden Krater hinterlassen, so sieht man sie - anders als Eisenmeteoriten - vielerorts wie gewöhnliches, terrestrisches Gestein (Abb. 3). Eisenmeteoriten heben sich durch ihr Aussehen in der Landschaft deutlich als Fremdkörper ab. Sie bestehen zu mehr als 90% aus metallischem Nickeleisen und enthalten kaum andere Minerale (ebd., S.111). Zudem sind sie sehr viel schwerer als Steinmeteoriten. Nach ihrer inneren Struktur, die beispielsweise parallel verlaufende Linien haben oder Strukturen von Hexaedern aufweisen kann, sind sie weiter differenzierbar (Abb. rechts).

Abb.4: Nickel - Eisen - Oktaedrit
(Quelle: www.mineralienatlas.de)

Nur sehr selten lassen sich Funde der Stein - Eisen - Meteoriten feststellen. Sie bestehen zu etwa gleichen Teilen aus Eisen und Stein. Man kann sie weiter differenzieren in Pallasite mit großen Olivinkristallen in Hohlräumen, deren Verhältnis Olivin zu Metall bei etwa 2:1 liegt (ebd., S.16). Man vermutet Pallasite als aus der Grenzzone zwischen Eisenkern und silikatreichem Asteroidenmantel stammend. Andererseits gibt es Mesosiderite, die ebenfalls aus Silikaten und Metall bestehen, allerdings viel feiner sind und unregelmäßige Strukturen aufweisen. Ferner können sie größere Silikat - Knollen enthalten.

Bisher ist es noch nicht vorgekommen, dass Meteoriten ein chemisches Element beinhaltet hätten, das es auf der Erde nicht gibt; dennoch besitzen manche Meteorite Elemente, die von großem, wissenschaftlichen Interesse sind. Bis heute wurden ca. 20 Meteoriten entdeckt, die geringe Mengen von Diamantsplittern enthielten (E. Keppler 1998, S.61). Auch Aminosäuren und andere organische Substanzen wurden bereits in Meteoriten gefunden, doch ist dies noch kein Beweis extraterrestrischen Lebens, denn man konnte diese Verbindungen auch im Labor aus anorganischem Material herstellen (B. Murck, B. Skinner & S. Porter 1997, S.256).

Außerordentlich interessant hinsichtlich der Entstehung des Universums sind vor allem die alten Chondrite, von denen einige Funde auf ein Alter von mehr als 4,5 Mrd. Jahren datiert werden konnten (www.mineralienatlas.de), was beinahe dem Alter unseres Sonnensystems entspricht. Kein sonstiges Gestein auf der Erde weist ein derart hohes Alter auf, so dass Meteoriten zu den außergewöhnlich interessanten und begehrten Forschungsobjekten gehören.

3 Geschehnisse eines Einschlags

Das folgende Kapitel soll wissenschaftliche Erkenntnisse über die Geschehnisse eines Meteoriteneinschlags darlegen: Welche Vorgänge laufen vor, während und nach einem Einschlag ab? Kommt es zu Wolken- und zur Kraterbildung? Entsteht bei jedem Einschlag ein Krater? Diesen und weiteren Fragen wird in diesem Kapitel nachgegangen.

3.1 Geschehnisse vor dem Einschlag

Etwa 40 Tonnen kosmische Materie dringt täglich in die Erdatmosphäre ein (www.dlr.de). Der überwiegende Teil davon verdampft oder explodiert in 10 bis 100 km Höhe, wodurch meist bestimmte Licht- und Schallerscheinungen ausgelöst werden. Bei kleineren Meteoriten, die schon nach wenigen Sekunden des Kontaktes mit der Erdatmosphäre verbrannt sind, kommt es lediglich zu Lichterscheinungen, die wir als Sternschnuppen in der Regel nur des Nachts mit dem menschlichen Auge wahrnehmen.

Ein Bruchteil der größeren Meteoriten erreicht tatsächlich die Erdoberfläche. Ihre Lichterscheinungen sind auch tagsüber sichtbar. Augenzeugenberichten zufolge leuchten sie heller als die Sonne. Von größeren, des Nachts einschlagenden Meteoriten gibt es Berichte, nach denen ihr Licht derart hell war, dass große Gebiete längere Zeit taghell erleuchtet wurden und das Lesen eines Buches möglich war. Ebenso sichtbar ist die Rauchwolke. Mit ihr zeichnen die Meteoriten den Weg durch die irdische Atmosphäre nach. Sie besteht aus feinverteiltem Material der Meteoriten und ist nur tagsüber bei größeren Objekten sichtbar (Abb rechts).

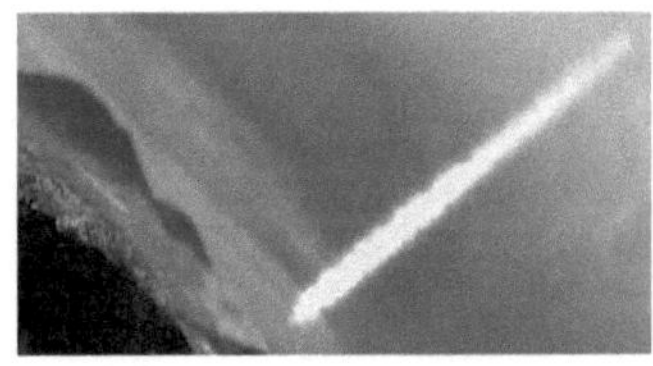

Abb.5: Licht und Raucherscheinung
(Quelle: http://www.br-online.de)

Licht und Rauch resultieren aus der unglaublich hohen Geschwindigkeit, mit der die Objekte in die Atmosphäre eintreten. In Relation zur Erde beträgt sie zwischen 15 und 70 km pro Sekunde (F. Heide 1988, S.19). Dadurch, dass die Meteoriten auf Luftmoleküle treffen, wird ihr Fall derart abgebremst, dass ihre Geschwindigkeit nur durch Schwerkraft und Luftwiederstand bestimmt wird (es handelt sich hierbei um Meteoriten von bis zu 10 Tonnen Gewicht). An der Oberfläche des ehemals kosmischen Körpers kommt es zu einer starken Erhitzung infolge der Reibung mit Luft. Teile des Meteoriten schmelzen und verdampfen, was zu den Licht- und Raucherscheinungen führt. Je nach Zusammensetzung des Körpers kommt es zu verschiedener Farbgebung. Augenzeugenberichte kündeten von rötlich, grünlich und gelb leuchtenden Schweifen, während sie im Regelfalle weiß leuchten. Diese „Feuerschweife" bestehen aus ionisierten Luftmolekülen und sind nur wenige Sekunden wahrnehmbar. Da sie Radarwellen reflektieren, sind wir Menschen in der Lage mit ihnen die Meteoritenbahnen zu orten (ebd., S.10 -12).

Vom Hemmungspunkt, von dem aus die Objektgeschwindigkeit nur noch von Schwerkraft und Luftwiederstand bestimmt wird (ebd., S.19), enden die Lichterscheinungen, da durch das Abbremsen die Reibung nicht mehr ausreicht, um genügend Hitze zu erzeugen. Bei Meteoriten mit einer Masse ab 10 Tonnen wird die Geschwindigkeit durch die Erdatmosphäre nicht mehr vollständig gebremst. Der Hemmungspunkt läge daher unterhalb der Erdoberfläche. Im Falle solch großer Meteoriten kommt es neben den Lufteffekten auch zu mächtigen Schall- und Druckerscheinungen. Zeugen beschreiben die Geräusche unterschiedlich. Sie vergleichen sie mit donnerähnlichen Schlägen, Gewehrfeuer, oder mit einem Flugzeug im Tiefflug. Man geht davon aus, dass es ähnlich wie bei sehr schnell fliegenden kleineren Geschossen des Militärs zu verschiedenen Schallzonen kommt, was die Variation der Beschreibungen erklärt.

Eine andere Begleiterscheinung größerer Objekte sind die Stoßwellen, die durch den Eintritt in die Erdatmosphäre bei Überschallgeschwindigkeiten entstehen. Der Druckunterschied vor und hinter den Stoßwellen kann sehr groß sein. Beim Erreichen des Erdbodens können Fensterscheiben platzen und gewaltige Bäume umknicken als wären es Zahnstocher (E. Keppler 1998, S.76).

Nur ein Bruchteil der Geschosse aus dem All erreicht den Erdboden, da die meisten bereits beim oder kurz nach ihrem Eintritt in die Erdatmosphäre verglüht sind. Allerdings können große Meteoriten sogar tiefere Erdschichten erreichen. Durch die entstehende, gewaltige Hitze können nicht nur Teile des Meteoriten schmelzen und verdampfen, sondern das Objekt kann vollständig zerbrechen. Vom Boden aus wird dieser Prozess wie eine mächtige Explosion wahrgenommen. Sie geschieht meist in einer Höhe von 15 bis 35 km (ebd., S.63). So entstehende Teilstücke des Meteoriten verglühen in der Atmosphäre oder prasseln in einem Schauer auf den Erdboden herunter.

3.2   Geschehnisse während des Einschlags

Wenn man die Geschehnisse während eines Einschlages betrachtet, so muss man, wie zuvor, zwischen dem Ereignis von kleinen und großen Objekten unterscheiden. Kleine Meteoriten lassen bei ihrem Einschlag kaum erkennbare Spuren zurück. Die Folgen eines großen Meteoriten hingegen sind gewaltig. Zwar gibt es in der Geschichte keine Kenntnis vom Einschlag eines Meteoriten, doch sind Spuren solcher Meteoriten in allen Erdteilen auffindbar. Spuren in Form von „Meteoritenkratern" können bis zu einigen Kilometern Durchmesser betragen. Der wohl bekannteste, der Barringer Krater in Arizona, USA (Abb. 2) hat beispielsweise einen Durchmesser von etwa 1.2 Kilometern und eine Tiefe von etwa 180 Metern (Gallant 1964, S.43, Hyndman & Hyndman 2006, S.433).

Allerdings sollte man beachten, dass Einschläge dieser Größenordnung sehr selten sind, wie die Gleichung des Kanadiers Robert Grieves bezeugt, die vom Astronomen David Hughes 1979 umgerechnet wurde. Demnach gibt es Ereignisse mit einem Krater von 1 km Durchmesser alle 1400 Jahre, Krater von 10 km Durchmesser alle 140.000 Jahre und bei 100 km Durchmesser liegen sogar mindestens 14 Mio. Jahre dazwischen (Hsü 1990, S.131/132). Sie haben verheerende Folgen, so wie das Aussterben der Dinosaurier am Ende des Mesozoikums (ebd., S.143).

Hat ein Meteorit während seiner Bahn durch die Atmosphäre einen Teil seiner Masse und Geschwindigkeit verloren, so trifft er oder seine Fragmente auf die Erdoberfläche. Die Folgen sind je nach Bodenbeschaffenheit am Einschlagsort variabel. Der größte Unterschied besteht zwischen einem maritimen und einem terrestrischen Einschlag: Geht ein großes Objekt in Ozeanen nieder, so löst dies einen Tsunami aus, dessen Mächtigkeit von Größe und Geschwindigkeit des Einschlagskörpers abhängt. Der Meteorit dringt nicht automatisch tief in den Ozean ein. Bei einer instabilen Zusammensetzung kann er schon beim Aufprall auf das Wasser auseinanderbrechen, eine Flutwelle wird dennoch verursacht.

Obwohl Einschläge auf der Erdoberfläche seltener vorkommen, sollen sie hier im Vordergrund stehen, da die Folgen wesentlich vielseitiger und komplexer sind. Damit soll allerdings keine Aussage darüber getroffen werden, welcher Einschlag eine größere Naturkatastrophe wäre. Aussagen darüber können wegen fehlender Quellen nicht zuverlässig getroffen werden.

Ein Meteoriteneinschlag auf dem Erdboden verläuft folgendermaßen: Der während seiner Flugbahn durch die Atmosphäre stark erhitzte Meteorit trifft mit immer noch sehr hoher Geschwindigkeit auf die Oberfläche. Dabei wird Material mit einer Geschwindigkeit von etwa 100 m/s aus der Einschlagstelle ausgestoßen und eine schalenförmige Vertiefung in der Erdoberfläche entsteht. Das dabei aus Gesteinen und Staub bestehende ausgestoßene Material wird als „Krater – Ejekta" bezeichnet (E. Keppler, S.73). Durch den Aufprall wird eine mächtige Energie frei. Ein 1000 Tonnen schwerer Eisenmeteorit erzeugt beispielsweise bei einer Einschlagsgeschwindigkeit von 29 km/s eine Energie von 400 Terajoule (F. Heide, S.28). Dieser Wert entspricht mehr als dem Siebenfachen der Energie, die von der Atomexplosion in Hiroshima freigesetzt wurde.

Die frei werdende Bewegungsenergie des Meteoriten geht zu 85% als kinetische Energie in das ausgestoßene Material über. Die verbleibenden 15% werden hauptsächlich in thermische Energie umgewandelt (E. Keppler, S.73). Im Moment des Einschlags können Temperaturen von mehreren tausend Grad Celsius entstehen.

Das Meteoritengestein (bzw. – eisen) verdampft explosionsartig. Dadurch wurden bei den meisten der noch erhaltenen großen Krater keine Meteoritenbruchstücke innerhalb des Kraters gefunden, sondern nur einige kleinere Stücke in der näheren Umgebung. Diese wurden vermutlich beim Einschlag mit anderem Material aus dem Krater gestoßen.

Am Rand des Kraters wird ein flach ansteigender Wall von mehreren Metern Höhe ausgeworfen. Im oben genannten Beispiel des Barringer Kraters in Arizona beträgt die Höhe des Ringwalls rundherum 45 bis 67 Meter (R. Gallant, S.43). Der Winkel des Einschlags spielt für die spätere Kraterform kaum eine Rolle.

Durch den Einschlag breiten sich mehrere Stoß- oder Schockwellen kugelförmig nach unten hin aus. Diese Rücklaufstoßwellen können zu einer kleinen Erhebung in der Kratermitte führen. Besonders bei Kratern mit mehr als 3 km Durchmesser ist dieser Zentralkegel typisch (B. Murck, B. Skinner & S. Porter, S.262; s. Abb.re.).

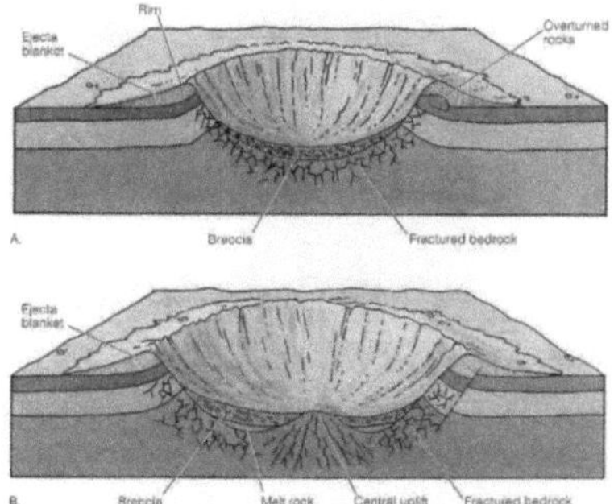

Abb.6 oben: kleiner Krater ohne Kegel
Abb 6 unten: großer Krater mit Kegel (Quelle: ebd.)

Bei einigen Kratern lässt sich ganz besonderes Gestein finden: zentimetergroße, rundliche Glasobjekte liegen in weiter Streuung um größere Krater verteilt. Diese Glaskörper werden „Tektite" genannt und entstehen durch Schmelzen irdischen Gesteins im Moment der großen Hitze des Einschlags. Durch die Wucht des Einschlags können sie mehrere Kilometer vom Einschlagsort weggestoßen werden, während sie zu Glas erstarren. Normalerweise haben Tektite eine grüne oder braune bis schwarze Farbe und bestehen zu 60 - 80% aus Kieselsäure (F. Heide, S.50).

Lange Zeit war die Herkunft der Tektite ein wissenschaftliches Rätsel. Erst 1933 brachte Spencer sie mit den Einschlägen großer Körper auf der Erdoberfläche in Verbindung (ebd., S.51). Inzwischen wird diese Theorie wissenschaftlich anerkannt, da sich drei der vier entdeckten Tektit - Streufelder mit großen Kratern in Verbindung bringen lassen und das übereinstimmende Alter von Krater und Tektiten nachgewiesen werden konnte.

3.3 Geschehnisse unmittelbar nach dem Einschlag

Nachdem am Einschlagsort viel Gestein, inklusive des Meteoriten selbst, geschmolzen oder verdampft ist, sinkt die explosionsartig gestiegene Temperatur ab. Ein Teil des ausgeworfenen Materials landet wieder im Krater und bildet mit dem dortigen Gesteinsmaterial die „Impactbreccie", Dieses Gestein besteht aus vielen größeren Bruchstücken, die in einer feinkörnigen Basismasse liegen. Es ist oft ein Indiz für die Einschlagsstelle eines Meteoriten. Der größte Teil der Krater - Ejekta bildet Aufwurfdecken um den Krater. Durch Rutschung und Gleiten vom Rand zur Mitte füllt sich dieser Bereich zu einem geringen Teil wieder. Nach und nach sammeln sich in Abhängigkeit vom Einschlagsort mehr oder weniger Sedimente im Krater. Feiner Staub, der beim Einschlag ausgeworfen wurde, kann aber noch längere Zeit in der Atmosphäre bleiben.

3.4 Umweltfolgen eines Meteoriteneinschlags

Für die Umwelt ergeben sich gewaltige Folgen eines großen Einschlags. Haben kleinere Meteoriten kaum Einfluss auf die Umwelt, können große Meteoriten doch langfristige Veränderungen in Bio-, Hydro- und Atmosphäre bedingen. Ein Meteorit von 10 km Durchmesser würde bei einer Aufschlaggeschwindigkeit von 20 km/s eine Energie von 100 Megatonnen freisetzen. Dieser Wert entspricht der 1000- fachen Sprengkraft aller existierenden Atomwaffen (B. Murck, B. Skinner & S. Porter, S.264). Ein Einschlag dieser Größe wäre für viele Tier- und Pflanzenarten und auch für den Menschen existenzbedrohend.

Je nach Einschlagsgebiet ergäben sich regional bedingte Folgen. Bei einem Einschlag im Ozean würde ein extrem hoher Tsunami entstehen, der sich innerhalb von Stunden global ausbreiten würde. Auf der Oberfläche könnte ein Einschlag in einer von Plattentektonik beeinträchtigten Region mächtige Vulkanausbrüche bedingen. Auch Erdbeben in weitem Radius können durch einen Einschlag hervorgerufen werden.

Im Moment des Einschlags auf der Oberfläche entsteht eine globale Finsternis, denn der aufgewirbelte Staub und Schmutz kann sich durch Winde innerhalb von Wochen über den ganzen Globus ausbreiten. Staubpartikel verdunkeln den Himmel über längere Zeit, ähnlich den Auswürfen bei einem Vulkanausbruch, und die Photosynthese von Pflanzen ist kaum oder gar nicht mehr möglich. So versiegt pflanzenfressenden Tieren ihre Nahrungsquelle und eine Kettenreaktion wird ausgelöst, von der schon bald ein Großteil aller Arten betroffen ist. Der Staub sinkt erst nach Monaten oder sogar nach Jahren vollständig ab und die Atmosphäre lichtet sich.

Da während der Dunkelphase weniger Sonnenstrahlen auf der Erde eintreffen, kommt es zu einem rapiden Absinken der globalen Temperatur. Die eintretende Kälteperiode hätte weiteres Tier- und Pflanzensterben zur Folge. Vielerorts würde es zu Schneefall kommen, wodurch die Albedorate der Erdoberfläche steigt. Sonnenlicht, das noch durch die verdunkelte Atmosphäre gelangt, wird zu großen Teilen reflektiert. Durch die hohe Konzentration der Staubpartikel kommt es zum Treibhauseffekt, so dass auf die extreme Kälte eine Periode globaler Erwärmung folgt (ebd., S.265).

Aufgrund der enormen Hitze und Strahlung, die beim Einschlag frei wird, entstehen auf weiten Flächen Waldbrände. Weite Teile der Atmosphäre erwärmen sich ebenfalls. Durch die vom Meteoriten in seiner Bahn vor sich hergetriebenen Stoßwellen werden die Luftschichten derart erhitzt, dass eine Dissoziation von Sauerstoffmolekülen erfolgt. Als Folge der chemischen Reaktion mit Stickstoff entsteht Stickoxyd, was mit der Kondensation von Wasser zur Bildung von Salpetersäure und damit zu saurem Regen führt. Der PH - Wert der Ozeane sinkt von 8,2 auf etwa 7,4. Wegen des saurer gewordenen Wassers lösen sich bei einigen Tierarten die Kalkschalen auf und es kommt zu einer weiteren Reaktionskette. An Land haben Weichtiere unter ähnlichen Problemen zu leiden: durch das verminderte Ozon in der Stratosphäre erreicht mehr UV - Licht die Oberfläche und schädigt die Haut von Weichtieren, was wiederum eine Reaktionskette aufgrund fehlender Nahrung für andere Tierarten auslöst (E. Keppler, S.76).

Meteoriteneinschläge der Vergangenheit zeigten die Anpassungsfähigkeit einiger Arten, doch vermochten nicht alle, sich an neue Umweltbedingungen nach einem Einschlag anzupassen. Durch Naturkatastrophen wie Meteoriteneinschläge wurde ein großer Teil aller je existierenden Arten ausgelöscht. So gab es innerhalb der letzten 543 Millionen Jahre insgesamt fünf große und mehrere kleine solcher Events (P. Abbott, S.430; Abb.). Es kam zu abrupt eintretendem Artensterben großer Teile der damals lebenden Tier- und Pflanzenwelt. Keines der fünf großen Massensterben ist heute eindeutig als Folge eines Meteoriteneinschlags angesehen, da solches Artensterben auch durch große Vulkanausbrüche oder im Ozean freigesetztes Methan - Hydrat ausgelöst werden kann. Nur das letzte große Artensterben vor 65 Millionen Jahren wurde mit hoher Wahrscheinlichkeit durch einen Meteoriteneinschlag ausgelöst.

Es lässt sich festhalten, dass derartige globale Naturkatastrophen, wie die infolge eines Meteoriteneinschlags ausgelösten Umweltreaktionen, einen erheblichen Einfluss auf die Evolution gehabt haben müssen.

4 Meteoriteneinschläge in Beispielen

Auf der Erdoberfläche gibt es recht viele Beispiele von vergangenen Meteoriteneinschlägen. Große Einschläge mit global katastrophalen Umweltfolgen ereigneten sich allerdings vor der Entstehung der Menschen. Der größte Einschlag jüngerer Zeit ist das Tunguska - Ereignis. Dessen kosmische Ursache ist zwar bisher nicht eindeutig belegt, wird aber von der Mehrheit der Wissenschaftler angenommen.

Das Tunguska - Ereignis und zwei andere Beispiele sollen die Arbeit ergänzen, von denen das erste Beispiel, der in Namibia gefundene weltgrößte Hoba - Meteorit zweifelsfrei das Ergebnis eines Einschlags ist. Bei diesem Ereignis wird der Meteorit selbst in den Vordergrund gestellt, da sein Einschlag im Vergleich ohne größeres Spektakel verlief.

Das letzte Beispiel ist die Massenauslöschung der lebenden Arten zwischen Tertiär- und Kreidezeit. Es lässt sich bisher nicht eindeutig einem Meteoriteneinschlag zuordnen, jedoch wurde vor einigen Jahren ein riesiger Krater im Golf von Mexiko gefunden, dessen Entstehungsalter genau in diese Periode des Massensterbens hineinpasst, wodurch diese Theorie noch verstärkt wird.

Anhand der Beispiele soll deutlich werden, wie sehr sich die Folgen von Einschlägen je nach Größe der Meteoriten unterscheiden und wie gefährlich sie sein können.

4.1 Das Tunguska - Ereignis

In einer recht dünn besiedelten Region Sibiriens gab es am 30. Juni 1908 ein Ereignis, das man mit dem Einschlag eines Meteoriten verbindet. Menschen nahe des Flusses „Steinige Tunguska" berichteten von gewaltigem Dröhnen und einer derart starken Druckwelle, dass sie Häuser zerstörte und Bäume umriss. Anschließend kam es um 7:17 Uhr Ortszeit zu einer mächtigen Explosion (Baxter & Atkins 1977, S.22), so dass selbst das deutsche Erdbebenobservatorium noch starke seismische Stöße verzeichnete. Augenzeugen berichteten von einer gigantischen Feuersäule, die blendend hell in den Himmel aufstieg und von einer pilzförmigen Wolke, die sich ausbreitete, als hätte es eine Atomexplosion gegeben. Eine gewaltige Hitzewelle fegte radial durch die hügelige Taiga, Bäume wurden angesengt und Brände entstanden, die noch tagelang wüteten.

Menschen in der 60 km entfernten Siedlung Wanawara brachten sich gerade noch vor der Hitzewelle in Sicherheit, als ein zweite Druckwelle, die durch die Explosion entstand, ihr Dorf erreichte und in der Region schwere Schäden anrichtete. Später fand man in einem Gebiet von etwa 250 km² tote Weidetiere, die offenbar Opfer der Druck- und Hitzewellen der Explosion geworden waren (ebd. S.99).

Da zu jener Zeit soziale Unruhen und politische Spannungen herrschten und wegen der Abgeschiedenheit der Tunguska - Region, blieb der Einschlag vom Juni 1908 lange Zeit von Wissenschaftlern ignoriert und unerforscht. Nur die Berichte von Augenzeugen deuteten überhaupt auf ein Naturereignis gewaltigen Ausmaßes hin (ebd. S.24 ff).

Erst 19 Jahre später, im Jahr 1927, erreichte eine Expedition die noch immer verwüstete Region. Sie wurde vom russischen Forscher Leonid Kulik (1883 - 1942) geleitet und rief ein ungeahnt breites, wissenschaftliches und öffentliches Interesse am Tunguska - Ereignis hervor. Selbst Kuliks kühnste Erwartungen wurden durch die Funde in dieser lange Zeit unerforscht gebliebenen Region übertroffen. Umgeknickte Baumstämme, die alle in dieselbe Richtung umgeworfen worden waren fand man auf einer Fläche von 200 km² (Abb.7). Später wurde festgestellt, dass die Wipfel dieser Bäume entgegen des Zentrums der Explosion zeigen. Zudem wies ein Großteil von ihnen deutliche Brandspuren auf, die meist nur an jener der Explosion zugeneigten Seite zu verzeichnen waren (www.geo.de).

Abb.7: Foto der Expedition: zeigt die Wucht des Einschlags
(Quelle: http//sjunghanns.wordpress.com)

Die Expedition unter Kulik konzentrierte sich vor allem darauf, das Zentrum des Ereignisses auszumachen, wo man einen riesigen Krater vermutete. Als man jedoch dort anlangte, von wo aus alle Bäume in konzentrischer Form nach außen weggeknickt waren, war dort von einem Einschlagskrater nichts zu sehen. Auch waren die Bäume hier, wo das stärkste Gebiet der Explosion vermutet wurde, nicht umgeknickt, sondern sie wiesen nur keine Äste mehr auf und waren komplett verkohlt. So kehrte die Expedition ohne Meteoriten und ohne eindeutige Klärung der Geschehnisse des Einschlages in der Tunguska - Region nach Sankt Petersburg zurück (www.science-explorer.de/tunguska.htm).

Einige Jahre danach kam die Theorie auf, dass es sich bei dem Tunguska - Ereignis um einen Kometen gehandelt haben könnte, der in der Luft über der Taiga explodierte, so dass es gar nicht zu einem Einschlag kam. Anders als Asteroiden haben Kometen eine geringe Dichte. Sie bestehen größtenteils aus leichtflüchtigen Elementen und Wasser (Heide 1988, S.148). Die Theorie vom Kometenabsturz würde das Fehlen von Einschlagskrater und Meteoritengestein erklären, ebenso wie das Phänomen der im Zentrum verbliebenen, astlosen Bäume, die durch die von oben herannahende Druckwelle in dieser Form entstanden wären. Bis zum heutigen Tage ist das Tunguska - Ereignis von vor mehr als hundert Jahren ungeklärt, obwohl es nicht an Thesen dazu mangelt. Diese reichen von endogenen Ursachen, z.B. der Freisetzung und Entzündung großer Erdgasvorkommen, über Theorien mit anthropogenen Ursachen wie der Explosion eine Atombombe, bis hin zu absurd erscheinenden Thesen von UFO - Abstürzen oder einschlagender Antimaterie (Baxter & Atkins 1977, S.94 ff).

Im Jahre 2007 berichteten italienische Forscher vom Fund eines möglichen Einschlags-kraters in der Region um Tunguska. Nach ihrer Meinung entstand der Tscheko - See durch den Impakt eines Teilstücks des Meteoriten. Da bisher jedoch keine Bruchstücke geborgen werden konnten (Gasperini et al. 2007, in: Terra Nova, S.245 – 251), bleibt abzuwarten wie weit sich diese Theorie verifizieren und durch Funde untermauern lässt. Bis zu einer

11

endgültigen Klärung wird es weiter vielerlei Spekulationen geben, was am 30. Juni 1908 in der Tunguska - Region tatsächlich geschah.

4.2 Der Hoba - Meteorit

1920 wurde in Namibia zufällig ein besonders großer Eisenmeteorit entdeckt. Der damalige Grundbesitzer fand beim Pflügen des Geländes ein großes, steinähnliches Objekt, das später von Jacobus Hermanus Brits als Meteorit identifiziert und beschrieben wurde (www.touring-afrika.de).

Der Meteorit ist zwischen 190 und 410 Jahre alt und hat ein Schätzgewicht von 50 bis 60 Tonnen. Von seinem Einschlag sind so gut wie keine Spuren mehr auffindbar (ebd.). So gab es bei seiner Entdeckung keine Anzeichen eines Kraters. Der Meteorit selbst besteht zu 82% aus Eisen, zu 6% aus Nickel und man ordnet ihn der Gruppe der Eisenmeteoriten der Ataxite zu (www.sternwarte-singen.de).

Wie bei Meteoriten üblich, wurde er nach seinem Einschlagsort, der Hoba - Farm benannt. Bis heute befindet sich der Meteorit an seinem Fundort und ist seit mehr als 50 Jahren Nationaldenkmal Namibias (Abb. 8). Seinen Status als Touristenattraktion verdankt er vor allem seiner Größe. Der Hoba - Meteorit ist mit ca. 9 Kubikmetern der größte bisher auf der Erde gefundene Meteorit (www.giantcrystals.strahlen.org).

Abb.8: Der Hoba - Meteorit
(Quelle: www.touring-afrika.de)

4.3 Die KT - Einschlagshypothese

1770 fand man nahe Maastricht die Überreste einstiger, riesiger Lebewesen, die heute als „Dinosaurier" (Oberbegriff) bekannt sind. Diese Lebensarten müssen schon vor sehr langer Zeit ausgestorben sein. Bisher konnte nicht geklärt werden, welche Umstände tatsächlich zu ihrem Aussterben führten, jedoch gibt es Hinweise, dass ein Meteoriteneinschlag die Ursache eines Massensterbens war.

Alle Knochenfunde lagen unter einer Erdschicht, die zum Zeitpunkt des Übergangs der Kreidezeit zum Tertiär vor 65 Millionen Jahren entstand. Oberhalb dieser Schicht sind keine Funde von Dinosaurierknochen bekannt. Weltweit lässt sich damit das vermutete recht plötzliche Aussterben dieser Lebewesen am Ende der Kreidezeit belegen.

Nicht nur Dinosaurier, auch viele andere Arten müssen zu diesem Zeitpunkt ausgestorben sein, denn 70% der Meeresorganismen und 90% aller Planktonarten existierten nach der Kreidezeit plötzlich nicht mehr (E. Keppler, S.84). Weiterhin ist der deutliche Rückgang der Populationen der nicht ausgestorbenen Arten zu diesem Zeitpunkt belegbar. Viele Tier- und Planzenarten starben aus; alle biologischen Arten weltweit waren vom Massensterben am Übergang zum Tertiär betroffen.

Besonders fällt auf, dass kleinere Lebensformen erst nach mehreren tausend Jahren ausstarben, während große Lebensarten, wie Dinosaurier, zu einem bestimmten Zeitpunkt schlagartig verschwanden. Beispielsweise starben einige der niederen Planktonarten erst zum Ende dieser Periode aus, die 2 Mio. Jahre währte (E. Keppler, S.86).

1962 wurde von Geologen in Italien der bisher wichtigste Hinweis gefunden, wie es zu einem solchen Artensterben kommen konnte: bei einer chemischen Untersuchung von Gesteinsproben aus der 2 Zentimeter dicken Gesteinsschicht zwischen Kreide und Tertiär stellte man einen 30- fach erhöhten Iridiumwert fest (T. Palmer, S.216). Iridium ist ein an der Erdoberfläche sehr selten vorkommendes, chemisches Element, das bei der Entstehung der Erde in den Erdmantel absank. Die Annahme liegt daher nahe, dass eine derart große Menge eines Iridiumvorkommens nur mit einem Meteoriten auf die Erde befördert werden konnte.

Neben Iridium wurden weitere an der Erdoberfläche selten auftretende Elemente gefunden, unter anderem Nickel, Selen und Osmium. Bei der Untersuchung der KT - Gesteinsschicht an mehr als 75 verschiedenen Orten stellte man ein ebenfalls erhöhtes Vorkommen dieser Elemente fest (E. Keppler, S.85). Sie müssen sich demnach innerhalb einer relativ kurzen Periode global verteilt und abgelagert haben. Vor allem das Iridium aus dieser Zeit hängt vermutlich mit dem Massensterben zusammen.

Zu den Ereignissen, die am Ende der Kreidezeit geschehen sind, existieren gegenwärtig zwei Hauptthesen. Die erste Annahme geht vom Einschlag eines riesigen Meteoriten aus, der das Iridium auf die Erde transportiert haben soll. Man geht davon aus, dass die Erde etwa alle 100 Millionen Jahre von einem Meteoriten mit mindestens 10 km Durchmesser getroffen wird (s.o.). Die frei werdende Energie eines solchen Einschlages wäre mehr als ausreichend, um ein Artensterben, wie das vor 65 Millionen Jahren, auszulösen. Ein Meteorit als Ursache der Geschehnisse wäre daher möglich.

Die zweite Hypothese handelt von einer mutmaßlichen Reihe riesiger Vulkanausbrüche: Der Indische Subkontinent brach am Ende der Kreide vom Großkontinent Gondwana ab und bewegte sich langsam über einen Hot - Spot. Gewaltige Mengen Magma gelangten dabei aus dem Erdmantel an die Oberfläche. Bei besonders großen Vulkanausbrüchen kann es vorkommen, dass die Lava große Mengen Iridium aus dem Erdmantel zutage bringt. Die Anomalie des Iridiumvorkommens lässt sich also auch mit der Hypothese enormer Vulkanausbrüche erklären.

Ein dritter Versuch, die Geschehnisse zu erklären, wäre der Einschlag eines großen Meteoriten infolge dessen es zu gewaltigen Vulkanausbrüchen kam. Auch dieses Szenario ist durchaus vorstellbar und hätte Folgen, die ein globales Artensterben auslösen könnten. Sicher ist bisher lediglich, dass ein Massensterben in diesem Umfang nur die Folge einer nachhaltigen Umweltveränderung sein kann. Als unmittelbaren Auslöser des Sterbens vermutet man den raschen, globalen Temperaturanstieg.

Bis heute gibt es heiße Debatten um die möglichen Geschehnisse und um die Theorien in der Wissenschaft. Für beide Hauptthesen gibt es viele dafür und dagegen sprechende Argumente. Vor einigen Jahren haben die Vertreter der Hypothese des Einschlags allerdings ein entscheidendes Argument ihrer Theorie hinzugewonnen: Im Golf von Mexiko wurde bei Öl - Explorationsarbeiten ein Meteoritenkrater entdeckt, dessen Entstehungsalter auf die Zeit der KT - Grenze berechnet wurde. Der sogenannte Chicxulub - Krater hat einen Durchmesser von 180 Kilometern. Er liegt am nördlichen Ende der Halbinsel Yukatan (www.wissenschaft.de). Der Krater ist von einer mächtigen Schicht Sedimente bedeckt und aktuell daher weitgehend vor Erosion geschützt. Seine Struktur kann nur anhand von Schwerfeld- und Magnetdaten sichtbar gemacht werden. Seine Größe reicht für eine Relevanz für die Einschlagsthese vollkommen aus. Auch das genaue Alter von 64,98 (+/- 0,06) Mio. Jahren passt perfekt (P. Abbott, S.466). Eine genaue Untersuchung des Kraters fällt allerdings schwer und ist sehr kostenintensiv, da er tief unter Sedimenten begraben liegt. In kommenden Jahren wird zu untersuchen sein, ob der Chicxuclub - Krater tatsächlich der Grund des Massensterbens des Kreide - Tertiär - Übergangs sein kann.

5 Gibt es Möglichkeiten des Schutzes vor Meteoriteneinschlägen?

Sollte eines Tages festgestellt werden, dass ein Meteorit großen Ausmaßes die Erde treffen wird, so müssen Strategien entwickelt sein, um solch ein Ereignis zu verhindern. Bisher gab es viele Bücher und Filme zum Thema der Meteoritenabwehr, aber was davon ist Wahrheit und was Fiktion? Beinahe jährlich entstehen neue Ideen und Vorschläge, einige davon realistisch, andere eher idealistisch. Eine Vorhersage, welche Maßnahmen und Strategien im Ernstfall greifen würden, ist ausgesprochen schwierig. Bisher entwickelte Abwehrstrategien beinhalten nicht nur technische Aspekte, sondern auch wirtschaftliche und sozialpolitische Perspektiven. Zudem wird im tatsächlichen Fall eines bevorstehenden Ereignisses geklärt werden müssen, was bei einem Scheitern des ersten Versuches weiter unternommen wird. Wegen all dieser Unsicherheiten werden hier nur einige Früherkennungssysteme näher erläutert.

Maßnahmen zur Früherkennung gab es bereits einige in der Vergangenheit und vermutlich wird man auch zukünftig weiter in diese Richtung forschen. Der 1991 von der NASA vorgestellte Spaceguard Survey war eines der ersten Programme seiner Art (Abbott 2006, S.470; Blasius & Podbregar 2007, S.26). Er sah die Errichtung von mindestens sechs Weitwinkelteleskopen weltweit vor, die den Himmel nach möglichen Objekten absuchen sollen, die sich auf Kollisionskurs zur Erde befinden. Große Meteoriten werden mit einer Sicherheit von 95% erkannt und die Vorhersage von Einschlägen Jahrzehnte im Voraus dadurch ermöglicht (impact.arc.nasa.gov). Auf das Spaceguard Überwachungsprogramm folgten andere, wie das Near - Earth Asteroid Tracking (NEAT) – Programm oder das Sky Survey Programm der Catalina Region (CSS). Es entstand aus der Fusion von mehreren Programmen und konnte 182 Objekte bis 2004 erkennen, die der Erde nahe waren oder sind (www.lpl.arizona.edu/css).

Vermutlich wird es auch innerhalb der nahen Zukunft keine hundertprozentige Erkennung aller größeren und somit gefährlichen Kollisionsobjekte geben und auch nicht die exakte Berechnung ihrer Flugbahnen. Jedoch besteht wegen der Anzahl gleichzeitig arbeitender

Programme eine große Wahrscheinlichkeit der frühzeitigen Erkennung eines gefährlichen Objektes. Allerdings ist an dieser Stelle auch darauf hinzuweisen, dass ein mögliches Ereignis, nämlich die Kollision des 10 km großen Kometen genannt „Swift - Tuttle" bei einer geringen möglichen Bahnabweichung bereits für das Jahr 2126 bzw. 3044 vorhergesagt ist (www.extremnews.com). Dadurch würde eine Naturkatastrophe oben beschriebenen Ausmaßes verursacht. Es bleibt zu hoffen, dass die Menschheit bis dahin eine Möglichkeit gefunden hat, um sich selbst und die Umwelt vor den möglichen Folgen eines Einschlags zu schützen.

6 Zusammenfassung und Ausblick

Die Einschläge von Meteoriten lassen sich, wie hier dargestellt, sehr differenziert betrachten. Jeden Tag tritt kosmische Materie in die Erdatmosphäre ein. Deren größter Teil verglüht direkt nach Eintritt und richtet keinen entscheidenden Schaden an. Große Objekte können aber als Meteoriten bis zur Erdoberfläche oder zum Meer vordringen und dort einschlagen. Nicht immer kommt es zu einer Naturkatastrophe. Eine Vielzahl der verkohlten Meteoriten bleibt an der Oberfläche liegen und wird meist zufällig gefunden und von Wissenschaftlern untersucht. Aufgrund der vielen gefundenen Meteorite konnten diese verglichen und in Gruppen eingeteilt werden.

Nicht nur Meteoritengestein, sondern auch Krater als Folge riesiger Einschläge wurden gefunden. Heute ist es möglich, den Ablauf eines solchen Einschlags anhand verschiedener Daten nachzuvollziehen. Auch Umweltfolgen sind recht gut vorhersagbar. Doch existiert kein System bisher, um den Einschlag eines Riesenmeteoriten zu beobachten und die gewonnenen Theorien dadurch verifizieren zu können.

Abschließend lässt sich festhalten, dass Einschläge einerseits extrem gefährlich, andererseits aber auch ein eher harmloses Naturschauspiel sein können. Bis heute istnicht nachgewiesen, dass ein Mensch durch einen Meteoriten zu Tode kam. Vor allem aus diesem Grunde sind die für Schutz und Früherkennung aufgewendeten finanziellen Mittel derzeit stark begrenzt.

Demgegenüber steht die Tatsache, dass Einschläge von Meteoriten die wohl größtmögliche Zerstörungskraft aller Naturkatastrophen aufweisen. Mehr als nur einmal führte ein Einschlag zur Verwüstung des Planeten, zum Artensterben und zu solcherlei „Nebenwirkungen", wie Tsunamis, Erdbeben, Waldbränden, globaler Dunkelheit und wechselweiser Wärme- und Kälteperioden.

Selbst wenn diese Ereignisse sehr selten sind, können sie (mit geringer Wahrscheinlichkeit) jederzeit und überall wieder vorkommen. Abgesehen von den nur einen gewissen Prozentsatz aller Objekte erfassenden Früherkennungsmaßnahmen, gibt es bisher keinen Schutz gegen eine solche Katastrophe. Die Gefahr aus dem All ist allgegenwärtig und wird vermutlich auch zukünftig niemals ganz ausgeschlossen werden können.

Literatur:

Abbott, P. (2006): Natural Disasters. Fifth Edition, McGraw-Hill, San Diego, S.428-473.

Baxter, J & Atkins, T. (1977): Wie eine zweite Sonne – Das Rätsel des sibirischen Meteors, erste Auflage, Econ Verlag, Düsseldorf Wien.

Blasius, R. & Podbregar, N. (2007): Armageddon – Der Einschlag. Springer, Heidelberg.

Chladni, E.F.F. (1794): Über den kosmischen Ursprung der Meteorite und Feuerkugeln. In: ebd. Goetz, D. (Hrsg.): Ostwalds Klassiker der exakten Wissenschaftler, Akademische Verlagsgesellschaft Geest & Portig KG, Leipzig 1979.

Gallant, R. (1964): Bombarded Earth – An Essay on the Geological and Biological Effects on huge Meteorite Impacts. John Baker, London.

Gasperini, L., et.al. (2007): A possible impact crater for the 1908 Tunguska Event. In: Georges Callas et.al. (Eds.): Terra Nova. Blackwell Publishing Ltd., Oxford, Vol.19: 245- 251

Hanisch, R. (1996): Katastrophen und ihre Opfer. In: Hanisch, R., Moßmann, P.(Hrsg.): Katastrophen und ihre Bewältigung in den Ländern des Südens, Schriften des Deutschen Übersee-Instituts Hamburg, Nr.33, S.20-60.

Heide, F. (1988): Kleine Meteoritenkunde. Springer Verlag, Berlin, Heidelberg.

Hsü, K.H. (1990): Die letzten Jahre der Dinosaurier. Übersetzt von Joachim Rehork. Birkhäuser Verlag, Basel Boston, Berlin.

Hyndman, D. & Hyndman, D. (2006): Natural Hazards and Disasters. Thomson Brooks/ Cole, Belmont, USA.

Keppler, E. (1998): Die unruhige Erde – Erdbeben – Vulkane – Meteoriten – Stürme - Klima, Rasch und Röhring Verlag, Hamburg, S.55-100

Murck, B., Skinner, B. & Porter, S. (1997): Dangerous Earth – An Introduction to Geologic Hazards, John Wiley & Sons Inc., New York, S.251-273.

Müller, M.J. (2000): Naturkatastrophen als geophysikalische Vorgänge. In: Geographie heute, Heft Nr. 183, S.2-9.

Palmer, T. (2003): Perilous Planet Earth - Catastrophes and catastrophism through the ages. Cambridge University Press.

Rétyi, A. (1996): Meteoriten - Boten aus dem Weltall. 2. Ausgabe, Naturkunde-Museum, Coburg.

Internet:

http://astro.goblack.de/Sonnensy/Erde/monde/index.html. Letzter Zugriff: 15.04.2011.

http://www.br-online.de/wissen/weltraum/kometen-asteroiden-und-meteoriten-DID1188595824/ meteor-meteorit-katastrophe-ID661188595815.xml. Letzter Zugriff: 10.04.2011.

http://www.dlr.de/next/desktopdefault.aspx/tabid-6470/10659_read-24029/ Letzter Zugriff: 20.07.2011.

http://www.extremnews.com/berichte/wissenschaft/4f201164a1f680e. Letzter Zugriff: 15.04.2011.

http://www.forschungsnachrichten.de/geologie/geowissenschaften-meldungen/das-alter-von-erde-und-mond-konnte-jetzt-festgestellt-werden.htm. Letzter Zugriff: 17.03.2011.

http://www.geo.de/GEO/natur/57471.html. Letzter Zugriff: 15.03.2011.

http://giantcrystals.strahlen.org/africa/hoba.htm. Letzter Zugriff: 20.07.2011.

http://impact.arc.nasa.gov/downloads/spacesurvey.pdf. Letzter Zugriff: 15.04.2011.

http://www.lpl.arizona.edu/css/css_facilities.html. Letzter Zugriff: 15.04.2011.

http://www.mineralienatlas.de/lexikon/index.php/Chondrit. Letzter Zugriff: 17.03.2011.

http://rst.gsfc.nasa.gov/Sect18/Sect18_1.html. Letzter Zugriff: 05.04.2011.

http://www.science-explorer.de/tunguska.htm. Letzter Zugriff: 15.03.2011.

http://sjunghanns.wordpress.com/2010/04/07/die-akte-tunguska. Letzter Zugriff: 15.04.2011.

http://www.sternwarte-singen.de/meteorite_ataxit1_vss2006.htm. Letzter Zugriff: 20.07.2011.

http://www.touring-afrika.de/de/namibia/hoba-meteorit.htm. Letzter Zugriff: 20.07.2011.

http://www.wissenschaft.de/wissenschaft/news/203957. Letzter Zugriff: 20.07.2011.